Jean-Antoine Chaptal

Mémoire
sur le sucre de
betterave

mémoire

ISBN : 978-1519298102

10 9 8 7 6 5 4 3 2 1

Jean-Antoine Chaptal

Mémoire sur le sucre de betterave

mémoire

Table de Matières

INTRODUCTION

LA fin du dix-huitième siècle et les premières années du dix-neuvième formeront une époque mémorable dans les Annales de l'industrie française. La plupart des événemens extraordinaires qui se sont succédés ont concouru à favoriser les progrès de nos arts. La France, privée de ses colonies, bloquée sur toutes ses frontières, s'est vue réduite à ses propres forces ; et, en mettant à contribution les lumières de ses habitans et les productions de son sol, elle est parvenue à satisfaire à tous ses besoins, à créer des arts qui n'existaient pas, à perfectionner ceux qui étaient connus, et à s'affranchir des pays étrangers pour la plupart des objets de sa consommation. C'est ainsi que nous avons vu successivement perfectionné le raffinage du salpêtre, la fabrication des armes et de la poudre, le tannage des cuirs, la filature du coton, de la laine et du lin ; améliorer le tissage des étoffes, et en exécuter plusieurs qui nous étaient inconnus ; décomposer le sel marin pour en extraire la soude ; former, de toutes pièces, l'alun et les couperoses ; fixer sur les tissus plusieurs couleurs qu'on regardait comme *faux teint*, et remplacer le sucre de canne par celui de betterave, l'indigo de l'anil par celui du pastel, et l'écarlate de cochenille par la garance. On eût dit que les savans détournaient leur attention de dessus les misères publiques, pour ne la fixer que sur les moyens de soulager le peuple et d'alléger le fardeau de son infortune.

Quoique ces découvertes et beaucoup d'autres soient aujourd'hui des opérations de fabrique, il est à craindre que quelques-unes ne retombent dans l'oubli, ou par la facilité qu'on a de puiser aujourd'hui aux anciennes sources, ou par suite de l'habitude et des préjugés qui recommandent aux yeux du consommateur ce qui est usité depuis long-temps, ou enfin, par de fausses mesures en administration ; et je crois qu'il serait extrêmement utile de décrire avec soin tous ces procédés, pour les confier a nos neveux. On verrait au moins ce qu'a pu la science pour la prospérité d'une nation dans un moment de crise, et l'on en retirerait cette vérité consolante, c'est que la France peut se suffire à elle-même pour satisfaire à presque tous ses besoins.

Je me bornerai aujourd'hui à faire connaître comment la France

Jean-Antoine Chaptal

est parvenue à suppléer au sucre du Nouveau-Monde par des produits de son sol ; et si l'Institut agrée ce travail, j'aurai l'honneur de lui soumettre successivement tous les nouveaux procédés de fabrication qui peuvent intéresser l'industrie, le commerce et la nation.

Ou se rappelle avec effroi ces temps difficiles où les Français, exilés des mers, n'avaient plus aucune communication, ni avec leurs colonies, ni avec celles des autres nations. La France se trouva privée tout-à-coup de tous les produits de l'Asie et de l'Amérique, dont la plupart étaient devenus pour elle des objets de première nécessité. Elle fit un appel à l'industrie de ses habitans ; le Gouvernement encouragea leurs efforts, et, en peu de temps, on parvint à remplacer quelques produits par des produits indigènes, et à trouver, dans les productions de notre sol, des objets absolument de même nature que ceux qu'on avait tirés jusque-là du Nouveau-Monde. Les cotons d'Espagne, de Rome et de Naples, sur-tout ceux de Castellamare, suppléaient à ceux de l'Amérique et de l'Inde ; la garance remplaçait la cochenille par le procédé de MM. *Gonin* ; le pastel, traité dans les ateliers de MM. de *Puymaurin, Rouquès* et *Giobert*, fournissait un excellent indigo, et les nombreuses fabriques de sucre de betterave qui s'étaient formées, annonçaient à l'Europe qu'on était au moment de secouer le joug du Nouveau-Monde.

À peine ces établissemens ont-ils été formés, à peine les procédés, encore imparfaits, ont-ils été établis, qu'un nouvel ordre de choses a remplacé l'ancien : la paix a rouvert toutes nos communications, les habitudes ont repris leur empire, et peu s'en faut qu'on n'ait relégué au rang des chimères la possibilité de fabriquer chez nous le sucre et l'indigo. Cependant quelques personnes ont continué et continuent à fabriquer du sucre de betterave, et il est facile de prouver qu'elles peuvent soutenir cette fabrication concurremment avec celle des colonies ; c'est ce que je crois démontrer dans ce mémoire.

Lorsque la France a commencé à éprouver le besoin du sucre, on a d'abord cherché dans les sirops de quelques fruits, sur-tout du raisin, le moyen d'y suppléer, et l'on a singulièrement améliore cette fabrication. De grands établissemens se sont formés sur plusieurs points du royaume pour la fabrication des sirops, et ils ont produit deux grands résultats également avantageux : le premier, de verser dans la consommation une énorme quantité de sirops qui remplaçaient le sucre dans plusieurs usages domestiques, et exclusivement dans les hôpitaux ; le second, de donner de la valeur à nos raisins, qui, à cette époque, n'en avaient presque aucune.

Peu de temps après, on a trouvé le moyen d'extraire un sucre farineux et solide du raisin, et ce produit a présenté plus d'analogie avec les sucre de canne que le sirop. Il était, comme lui, sans odeur, et pouvait le remplacer dans tous ses usages, en l'employant à un poids double ou triple pour obtenir le même effet. Ce sucre n'est point susceptible de cristallisation.

À-peu-près dans le même temps, la chimie a fourni le moyen de décolorer le miel et de lui enlever son odeur ; de telle sorte qu'on pouvait l'employer, dans les infusions de thé et de café, comme le meilleur sirop de sucre.

Tous ces procédés étaient devenus des opérations de ménage, et l'on éprouvait à peine quelque privation de la rareté du sucre de canne ; mais il était réservé à la chimie de produire dans nos climats le véritable sucre des colonies, et c'est ce qui n'a pas tardé à arriver. Déjà les analyses de *Margraff* et les travaux si importans d'*Achard* sur l'extraction du sucre de la betterave avaient mis sur la voie : il ne s'agissait plus que de perfectionner les procédés et de former des établissemens en assez grand nombre pour fournir à la consommation. À cet effet, les encouragemens ont été prodigués ; et, en une année, on a vu se former plus de cent cinquante fabriques, dont quelque-unes ont obtenu de grands succès, et ont versé dans le commerce plusieurs millions d'excellent sucre. La plupart de ces établissemens ont dû échouer, sans doute, comme cela arrive pour tous les nouveaux genres d'industrie, soit parce que la localité est mal choisie, soit parce qu'on se livre à de trop grandes dépenses pour monter les ateliers, soit enfin parce qu'on n'opère pas avec assez d'intelligence.

Au milieu de ce vaste naufrage de fabriques, nous en voyons quelques-unes qui ont résisté et qui prospèrent depuis long-temps. C'est dans celles-ci qu'il faut puiser les leçons d'une bonne pratique et d'une administration économique, c'est là que nous trouverons les bons procédés, soit pour la culture de la betterave, soit pour

Jean-Antoine Chaptal

l'extraction du sucre ; et comme la mienne est de ce nombre, je me bornerai à citer mon expérience.[1]

CHAPITRE PREMIER
Culture de la Betterave.

Les betteraves se sèment à la fin de mars, ou en avril, du moment qu'on n'a plus à craindre les gelées.

ART. Ier. *Choix de la Graine.*

Il y a des betteraves blanches, il y en a de jaunes, de rouges et de marbrées, et quelquefois la pellicule est rouge et la chair est blanche.

Il est aujourd'hui reconnu par les agriculteurs, sur-tout par ceux d'Allemagne, que la couleur ne se reproduit pas constamment, et que, dans le produit d'un champ où l'on n'a semé que de la graine provenant de betteraves jaunes, par exemple, il s'en trouve plus ou moins de blanches ou de rouges ; c'est ce que j'ai eu occasion de vérifier moi-même.

En Allemagne, on donne la préférence à la betterave blanche ; en France on a préféré la jaune. Il m'a paru, d'après des expériences comparatives, qu'on donnait trop d'importance à la couleur ; je n'ai pas observé que la variété des couleurs produisit une variété sensible dans les résultats, lorsque les betteraves provenaient du même sol et de la même culture.

Cependant, je cultive de préférence la betterave jaune ou blanche, parce que la couleur rouge que donne la betterave rouge au suc qui en est extrait, colore sensiblement le sucre qui en provient, et rend son raffinage un peu plus long et plus pénible. À la vérité la chaux qu'on emploie dans la première opération décolore instantanément le jus, mais la concentration par l'évaporation fait reparaître une couleur ferme et brunâtre, que n'a pas le sirop qui provient de la betterave jaune ou blanche.

---

1 M. *Deyeux* est le premier qui ait constaté en France les résultats que M. *Achard* obtenait en Allemagne.

ART. II. *Choix du Terrain.*

Le terrain le plus propre à la betterave paraît être celui qui est à-la-fois meuble et gras, et qui a de la profondeur.

Les terres maigres, sèches, sablonneuses, conviennent peu : les betteraves y sont petites et sèches : elle donnent un suc qui marque jusqu'à onze degrés au pèse-liqueur de *Baumé*, mais qui est peu abondant. Il m'est arrivé de n'en extraire que 32 pour 100. Le suc est très-chargé de sucre ; mais la proportion ne dédommage pas le fabricant.

Les terres fortes, grasses, argileuses, ne conviennent pas non plus. Les graines y lèvent mal, sur-tout si, après les semences, il survient une forte pluie qui tasse la terre et ferme l'accès à l'air : alors la graine pourrit sans germer. J'ai perdu, en 1813, dix hectares de betteraves par cet accident ; il est même rare que, dans ces terres fortes, la betterave acquière beaucoup de grosseur ; elle pousse en dehors, parce qu'elle ne peut pas se loger dans la terre.

Les terres provenant du défrichement des prairies, les terres d'alluvion fumées et travaillées depuis long-temps, sont très-propres à la culture des betteraves.

Un bon terrain peut fournir jusqu'à cent milliers de betteraves par hectare ; j'en ai même récolté jusqu'à cent vingt sur un pré nouvellement défriché ; mais reproduit moyen d'une exploitation courante est de trente à quarante milliers.

ART. III. *Préparation du Terrain.*

La terre destinée à recevoir des betteraves doit être préparée par deux ou trois labours très-profonds qu'on donne en hiver et au printemps.

Depuis six ans, je sème mes betteraves dans les terres qui doivent recevoir du blé en automne ; je les dispose par deux bons labours et un engrais convenable ; je sème vers la fin de mars, et arrache dans les premiers jours d'octobre. Je laisse les feuilles sur le terrain, sème le blé par-dessus, et le recouvre par un labour ordinaire ; de cette manière ma récolte de betterave est une récolte intermédiaire qui ne prive pas le domaine d'un grain de blé. Six années d'expériences m'ont prouvé que la récolte de blé était meilleure sur ces terrains que sur ceux qui s'étaient reposés pendant l'été. Il y a plus, c'est que les sarclages et l'arrachement ont nettoyé le sol de toutes les plantes étrangères, et les champs de blé en sont moins chargés que partout ailleurs.

On a cru, pendant quelque temps, que les terres fraîchement fumées produisaient des betteraves moins riches en sucre ; on a même ajouté que celles qui étaient fumées avec du fumier de mouton, ne donnaient que du salpêtre. Je puis affirmer que ces assertions sont erronées, et que la production du salpêtre tient à une autre cause, que nous ferons connaître par la suite.

Art. IV. *Manière de semer.*

On a successivement employé quatre méthodes pour semer la graine de betterave : 1°. au rayon ; 2°. au semoir ; 3°. à la volée ; 4°. en couche, ou pépinière.

1°. Pour semer au rayon, on fait passer sur la terre labourée une herse armée de quatre à cinq dents, placées à un pied et demi l'une de l'autre ; des femmes qui suivent la herse mettent des graines une à une dans les sillons que traversent les dents de la herse, en observant de les placer à une distance de 13 à 14 pouces l'une de l'autre ; on les recouvre ensuite avec des herses d'épines.

Cette méthode a le double avantage d'économiser la graine, et d'espacer convenablement les betteraves pour qu'elles puissent se développer. Une femme peut, à la rigueur, en semer 8,000 par jour ; et, en général, quatre femme peuvent semer un arpent ou un demi-hectare chaque jour. Un cheval médiocre et un conducteur suffisent pour promener la herse ; de sorte que cette méthode est très-économique.

2°. Dans la plaine des Vertus, aux environs de Paris, on a introduit depuis deux à trois ans l'usage du semoir.

Ce semoir consiste en un chariot, à l'essieu duquel sont fixées quatre à cinq roues en cuivre, d'un pied de diamètre, et placées à la distance d'un pied l'un de l'autre. Chacune de ces roues a trois petites cavités ou excavations sur sa circonférence. On a fixé une trémie dans laquelle on met la graine ; la circonférence des roues communique avec le fond de la trémie ; et leurs cavités se chargent de graine en tournant ; mais comme les roues frottent, en sortant de la trémie, contre des morceaux d'étoffe, il ne reste qu'une graines dans leurs cavités, laquelle est versée sur le sol par la mouvement de rotation. La graine est recouverte dès qu'elle tombe, par une palette fixée au chariot, en arrière de l'essieu. Cette palette tranchante fait l'office de la herse, et découvre la terre à un pouce de profondeur.

Cette méthode est sans doute la plus économique ; on peut l'appliquer au blé avec un grand avantage. Un cheval et un enfant peuvent semer en un jour plusieurs hectares par ce procédé.

3°. Il y a des cultivateurs qui commencent par semer en couche ou en pépinière, et qui transplantent ensuite les jeunes plants par repiquage. Cette méthode présente plusieurs avantages à l'agriculteur, en ce qu'il n'est pas détourné de ses opérations du printemps pour les semences des blés de mars et des prairies artificielles, et qu'il ne s'occupe de transplanter ses betteraves que dans les premiers jours de juin, époque qui commence à devenir pour lui une saison morte ; mais elle offre des inconvéniens majeurs. Le premier de ces inconvéniens, c'est qu'il est bien difficile qu'en arrachant ces jeunes plantes très-tendres et cassantes, on ne laisse pas dans la terre la pointe de la queue de la betterave, et ; dès-lors, elle ne plonge plus dans le terrain, sa surface se recouvre de radicules ou brindilles, et la betterave grossit sans s'allonger. Le second inconvénient attaché au repiquage, c'est qu'en plaçant la betterave dans le trou qu'on a fait avec le plantoir, il est difficile que la pointe de la queue ne se replie pas ; et alors on éprouve tous les mauvaises effets qu'on vient de signaler. Le troisième inconvénient, c'est que cette méthode est plus coûteuse que les autres ; et le quatrième enfin, c'est que le repiquage exige un temps pluvieux, ce qui ne se rencontre pas souvent, ou un arrosement artificiel, ce qui n'est pas possible dans toutes les localités.

Cependant, un repiquage partiel est très-souvent indispensable ; car il arrive quelquefois que les betteraves lèvent mal et inégalement et il est alors avantageux de remplir les vides. Il est donc prudent d'avoir, en réserve un semis de betteraves, pour pouvoir remplacer celles qui manquent.

4°. La quatrième méthode de semer les betteraves consiste à les semer comme le blé, ou à la volée ; on recourt ensuite à la herse. Cette méthode, la plus simple de toutes, est en même temps

Jean-Antoine Chaptal

celle à laquelle je donne la préférence ; à la vérité on emploie beaucoup plus de graine que par les autres procédés : il en faut environ 3 kilogrammes, au lieu d'un et demi par arpent ; mais cette considération n'a presque plus de valeur depuis que le prix de la graine est descendus à un taux raisonnable ; d'ailleurs, les avantages qu'on en retire sont immenses : 1°. en employant cette quantité de graine, on est à-peu-près sûr que tout le sol sera couvert ; 2°. dès que la plante est bien levée, on enlève par un premier sarclage toutes les betteraves inutiles, et on ne conserve que les pieds les plus vigoureux ; de sorte que, quelle que soit la saison, on est toujours sûr d'avoir une bonne récolte.

Quelle que soit la manière de semer la graine de betterave, il faut observer : 1°. de ne semer que sur des terres fraîches et encore humectées.

2°. De ne placer la graine qu'à demi-pouce de profondeur. Il est prouvé que les semences enterrées plus profondément ne lèvent pas.

3°. De ne pas semer trop épais ; car les Betteraves trop rapprochées, languissent et n'acquiérent pas de volume.

4°. De ne confier la betterave qu'à une terre bien meuble, bien divisée et labourée en profondeur.

ART. V. *Des soins qu'exige la Betterave pendant sa végétation.*

Il n'est peut-être pas de plante qui souffre plus du voisinage des herbes étrangères que la betterave ; elle reste petite et sans vigueur, si la terre n'est pas soigneusement nettoyée de toutes les plantes qui poussent à ses côtés. Lesarclage est donc une opération indispensable ; il faut profiter, autant que cela se peut, du moment où la terre est humide : alors on arrache à la main toutes les plantes qu'on veut enlever, et elles ne se reproduisent plus ; mais si la terre est sèche, il faut recourir au sarcloir ou à la houe, et remuer la terre à 3 ou 4 pouces de profondeur.

Dans tous les cas le sarclage avec les instrumens est préférable à celui qu'on fait à la main, parce qu'on donne un guéret très-utile aux betteraves, soit en facilitant l'accès de l'air nécessaire à la végétation, soit en disposant la terre d'une manière plus favorable pour absorber et faire pénétrer l'eau des pluies.

Il y a des particuliers qui sèment les betteraves à la volée, et qui pratiquent ensuite des sillons dans les champs, à l'aide du sarcloir conduit par un cheval, de manière à laisser des rangées de betteraves distantes l'une de l'autre d'environ un pied et demi. Cette méthode a l'avantage d'être économique, mais elle a l'inconvénient de conserver les betteraves au hasard et de sacrifier souvent les plus belles ; elle ne doit être pratiquée que dans les terres de première qualité où la végétation est partout également belle.

On doit renouveler le sarclage toutes les fois que le terre se couvre de plantes étrangères ; mais en général deux opérations suffisent. C'est de l'argent bien placé que celui qu'on emploie au sarclage ; le produit d'un arpent bien arclé est au moins double de celui qui ne l'a pas été.

Art. VI. *Arrachement des Betteraves.*

En général, on arrache, les betteraves dans le courant d'octobre ; on commencé l'opération dès les premiers jours, et elle doit être terminée avant les gelées.

On ne doit pas regarder l'époque où il convient d'arracher la betterave comme une chose indifférente ; celle que nous déterminons m'a paru la plus favorable pour les environs de Paris, et à mine distance de 40 à 50 lieues de la capitale : mais personne n'ignore que, dans l'acte de la végétation, il y a une succession de produits différens qui se forment et se remplacent les uns les autres ; de sorte que l'existence du sucre cristallisable dans la betterave n'a qu'un temps, et c'est ce temps qu'il faut choisir pour l'arracher. Dans nos climats du midi, par exemple, où la végétation est plus hâtive, vainement on a essayé d'extraire du sucre de la betterave arrachée en automne. Il paraît que, dans cette saison, l'époque de la saccharification est passée, et que le sucre s'est décomposé par les progrès de la végétation, ou par une altération quelconque dans la betterave. Je puis citer à l'appui de mon opinion un fait bien constaté par M. *Darracq*, dont on connaît les talens et le bon esprit. Il y a quelques années que, de concert avec le préfet du département des Landes, M. le comte *D'Angos*, il forma le projet d'établir une sucrerie de betteraves. Dès le mois de juillet jusqu'à la fin du mois d'août, il fit l'essai de ses betteraves tous les huit jours, et constamment il en retira 3 ½ pour 100 de beau sucre.

Jean-Antoine Chaptal

Dès-lors, il se crut sûr du succès, et donna tous ses soins à former l'établissement sans continuer ses essais hebdomadaires ; mais quelle fut sa surprise lorsqu'en travaillant ses betteraves vers la fin d'octobre, il ne lui fut pas possible d'extraire un atome de sucre cristallisé !

Il paraît que, lorsque la betterave a terminé sa végétation *saccharine*, si je puis n'exprimer ainsi, il se forme du nitrate de potasse aux dépens des principes constituans du sucre ; et cette formation a lieu dans la terre, lorsqu'elle est favorisée par la chaleur, tout comme dans les magasins : dans le mois de mars de 1813, je voulus exploiter des betteraves que j'avais enfermées dans une cave, et je n'obtins que du nitrate de potasse, quoiqu'elles ne fussent ni germées, ni pourries ; ces betteraves me donnaient un tiers de moins de suc que celles qui avaient été gardées en plein air ou dans des magasins bien aérés.

Il n'est point rare de voir sortir des bouffées de gaz nitreux des écumes abondantes qui se forment lorsqu'on verse le suc de la betterave dans une chaudière[1] : la production de ce gaz annonce un commencement d'altération dans la betterave, quoique, dans cet état, on puisse en extraire encore du sucre ; j'ai observé plusieurs fois ce phénomène, et toujours dans les circonstances dont je viens de parler. Par les progrès de l'altération, ce gaz nitreux passe à l'état d'acide nitrique, cet acide s'unit à la potasse pour former des nitrates ; et, dès-lors, la décomposition du sucre cristallisable est complète.

Ne soyons donc plus surpris si, dans tout le midi, depuis Bordeaux jusqu'à Lyon, en opérant sur des betteraves qui avaient séjourné dans la terre jusqu'à la fin d'octobre, on n'a pu retirer que du nitrate de potasse et pas un atome de sucre cristallisable.

À mesure qu'on arrache les betteraves, on les dépouille de leurs feuilles, qu'on laisse, comme engrais, sur le terrain, lorsqu'on n'a pas assez de bestiaux pour les consommer.

Art. VII. *Conservation des Betteraves.*

Les betteraves craignent les gelées et la chaleur : elles gèlent à une température d'un degré au-dessous de zéro ; elles commencent à

---

1 M. *Barruel* est, je crois, le premier qui ait observé ce phénomène.

pousser et s'altérer à une température de 8 à 9 degrés au-dessus de la glace fondante.

Les betteraves gelées donnent du sucre si on les travaille dans cet état ; mais elles fournissent beaucoup moins de suc. Lorsqu'elles sont dégelées, elles n'en fournissent plus.

Pour conserver les betteraves sans altération, il faut les placer dans un lieu sec et à une température qui ne soit que de quelques degrés au-dessus de zéro au thermomètre. Une grange, un grenier, sont des lieux très-propres à former un magasin de cette nature ; mais il est rare de pouvoir y loger tout l'approvisionnement d'une fabrique. À défaut d'un local couvert et assez spacieux, on est forcé de loger les betteraves en plein air, et, à cet effet, on choisit un sol sec et qui soit à l'abri des inondations ; on recouvre le sol d'une couche de cailloutage sur laquelle on met de la paille : on dresse dans le milieu un piquet qu'on entoure, sur toute la hauteur, de bouchons de paille ; on entasse les betteraves tout autour du piquet, et on en forme des carrés de 7 à 8 pieds de large sur 5 à 6 de hauteur. On enlève ensuite le piquet, de manière que l'espace qu'il occupait devient une cheminée par où peuvent sortir les vapeurs qui s'échappent des betteraves. On recouvre ensuite les parois latérales et la sommité de la couche avec de la paille de seigle ou d'avoine. On a l'attention d'établir en pente la sommité de la couche, pour que la pluie ne puisse ni filtrer, ni séjourner ; et l'on assujettit fortement la paille avec des liens pour la mettre à l'abri de la force des vents.

Il y a des cultivateurs, sur-tout dans le nord, qui, pour conserver leurs betteraves, les entassent dans les champs, les recouvrent de terre, et enveloppant le tout d'une couche de bruyère ou de genêt pour que l'eau n'y pénétre pas.

Il est sans doute avantageux d'enfermer les betteraves dans des magasins qui les mettent à l'abri des gelées et des pluies : là, elle sont plus à portée d'être soignées. Mais comme cette récolte se fait dans un moment où tous les animaux d'une ferme sont employés aux labours et aux semences des graines céréales, les transports deviennent difficiles, et il convient de former des tas dans les champs, qu'on recouvre avec soin, pour ne les transporter que pendant l'hiver, lorsque les chevaux sont moins occupés.

Jean-Antoine Chaptal

Mais, quelle que soit la méthode qu'on adopte pour emmagasiner les betteraves, il y a des précautions générales et indispensables à suivre, d'où dépend leur conservation :

1°. Il faut avoir l'attention de ne pas emmagasiner les betteraves mouillées ; et, lorsque le temps le permet, il convient de les laisser dans les champs pendant quelques jours, pour qu'elles sèchent.

2°. Il ne faut recouvrir les betteraves que du moment qu'on est menacé d'une gelée, et avoir l'attention de les découvrir et de les laisser découvertes tant que la température est de quelques degrés au-dessus de la glace, pourvu toutefois qu'il ne pleuve pas.

3°. Il faut visiter souvent les betteraves ; et si l'on s'aperçoit qu'elles s'échauffent, qu'elles pourrissent ou qu'elles poussent, il convient de démonter le tas, d'enlever celles qui commencent à pousser ou à se pourrir, de même que celles qui pourraient être gelées, pour les travailler de suite, et de rétablir ensuite la couche.

CHAPITRE II
De l'Extraction du Sucre.

L'extraction du sucre de la betterave donne lieu a une suite d'opérations que nous allons décrire. Depuis qu'on travaille la betterave en France, on a successivement employé beaucoup de procédés, et l'on a apporté de grandes modifications dans chacune des opérations ; je les ai tous vérifiés, je les ai tous comparés, et je me bornerai à décrire celui qui, constamment, m'a présenté les meilleurs résultats.

Lorsqu'on a commencé à extraire le sucre de la betterave, on opérait la cristallisation du sucre par l'évaporation lente dans les étuves, et l'on soumettait ensuite à la presse pour épurer les cristaux de la mélasse qui les souillait. Ce procédé, quoique long, produisait son effet ; mais il eût été difficile, en le suivant, de donner une grande étendue à la fabrication du sucre : il parut nécessaire de le suivre dans le principe, par la difficulté qu'on éprouvait à cuire le sirop de betterave. Du moment qu'on a reconnu l'effet du charbon animal sur le suc de la betterave, on a abandonné le procédé par l'évaporation lente, et on a cuit les sirops de betterave avec la même facilité que ceux de la canne. Par ce moyen on termine l'opération en un jour. Ce dernier procédé est à-la-fois plus économique et plus prompt.

ART. Ier. *De l'Épluchement des Betteraves.*

Les betteraves qu'on transporte des champs sont plus ou moins chargées de terre, leur surface est plus ou moins couverte de radicules ; et, avant de les travailler, il faut les débarrasser de tous ces objets, et couper le collet, qui ne contient pas sensiblement de sucre. Dans quelques fabriques, l'on enlève la terre par des lavages, et on coupe les radicules et le collet avec des couteaux ; mais le lavage est long et dispendieux ; il exige une grande quantité d'eau, et l'opération est difficile pendant les froids rigoureux de l'hiver.[1]

J'ai supprimé le lavage dans ma fabrique, et je me borne à faire couper les collets et les radicules, et à faire ratisser ou nettoyer la surface des betteraves avec un couteau : cette opération, qui s'exécute avec facilité par des femmes, coûte 12 sous ou 60 centimes par millier.

ART. II. *Extraction du Suc de Betterave.*

On extrait le suc de betterave par deux opérations successives.

1°. On réduit la betterave en pulpe à l'aide de râpes mues à la main ou par le moyen d'un manége ; les meilleures de ces râpes sont des cylindres armés, à leur surface, de lames dentées ; on imprime à ces cylindres, un mouvement si rapide, à l'aide de l'engrenage, qu'ils font environ quatre cents révolutions sureux-mêmes par minute ; on présente la betterave à la circonférence, elle est déchirée et réduite en pulpe en un instant.

Deux de ces râpes, mues par le même manége et servies par trois femmes et deux enfans, peuvent suffire à une exploitation journalière de dix milliers pesant de betteraves, en opérant trois

1 Pour procéder économiquement au lavage des betteraves, on en met 100 à 140 livres dans un cylindre dont le contour est en gros fil de fer ; la moitié du cylindre plonge dans l'eau d'une auge placée au-dessous ; on imprime un mouvement de rotation au cylindre : en peu de temns les betteraves sont dépouillées de la terre qu'elles contiennent. On élève alors le cylindre au-dessus de l'auge, par le moyen d'un treuil ; on ouvre une porte pratiquée sur la circonférence du cylindre, et les betteraves tombent et glissent sur un plan incliné qui les porte en-dehors de l'auge.

Jean-Antoine Chaptal

heures le matin, de cinq à huit, et trois heures, depuis onze jusqu'à deux heures après midi. Il est rare qu'on soit obligé d'employer plus de trois heures pour chaque opération.

Immédiatement après que l'opération de la râpé est-terminée, les personnes qui y sont employées s'occupent à nettoyer les râpes, à les laver, et à transporter tout autour des râpes les cinq milliers de betteraves qui doivent servir à une seconde opération.

Pour que la pulpe soit de bonne qualité, il faut qu'elle ne présente qu'une pâte molle, sans mélange de parties de betteraves non broyées ; car la presse, quelque force qu'on lui suppose, ne peut extraire qu'une faible portion de suc des fragmens de betteraves qui n'ont pas été déchirée. Lorsqu'on se borne à écraser la betterave sous des meules, comme cela se pratique pour le cidre et le poiré, on n'obtient à la presse que 30 à 40 pour 100 de jus, tandis que, lorsqu'on les déchire par des râpes, on en extrait 65 à 75 pour 100.

2°. À mesure qu'on forme la pulpe, on la soumet à la pression pour en extraire le suc : je commence par l'exprimer à l'aide d'une presse à cylindre qui extrait 60 pour 100 de jus, et je soumets ensuite le marc à l'action d'une forte presse à vis de fer qui le dessèche complétement.

Pour diminuer les frais de la main-d'œuvre, j'ai placé mes râpes et mes presses au premier étage, de manière que le suc se rend de lui-même, par des canaux de plomb, dans les chaudières, qui sont au rez-de-chaussée.

Il convient d'exprimer la pulpe à mesure qu'elle se forme ; sans cela elle noircit, et il se développe un commencement de fermentation qui rend l'extraction du sucre plus difficile.

Le suc marque depuis 5 jusqu'à 11 degrés, et communément 7 à 8 au pèse-liqueur de *Baumé*.

Quatre hommes suffisent pour le travail des presses, en opérant sur dix milliers de betteraves par jour.

ART. III. *Dépuration du Suc.*

Nous avons dit qu'à mesure que le suc coulait des presses, il se rendait dans une chaudière que j'appelle *dépuratoire* par rapport à son usage. En supposant qu'on fasse deux opérations par jour, et qu'on travaille 5 milliers de betteraves chaque fois, cette chaudière, de forme ronde, doit avoir 5 pieds et demi de large sur 3 pieds 8 pouces de profondeur ; dans ces dimensions, elle peut recevoir tout le produit d'une opération.

Dès que la chaudière est remplie au tiers ou à moitié, on allume le feu. Le suc a déjà pris une chaleur de 40 à 50 degrés lorsqu'on a fini d'extraire le suc, qui coule, sans interruption, des presses dans la chaudière ; on porte alors la chaleur du bain à 65 ou 66 degrés ; et, du moment qu'on a atteint ce degré, on étouffe le feu en le recouvrant de braise mouillée. On jette alors, dans la chaudière, de la chaux qu'on a fait fuser dans l'eau tiède, dans la la proportion de 2 grammes et demi (environ 48 grains) par litre de suc, en ayant soin de varier la proportion selon le degré de consistance du suc. On brasse la masse du liquide dans tous les sens pendant quelques minutes : alors, on ranime le feu pour porter la chaleur du bain à 80 degrés, c'est-à-dire jusqu'au degré le plus voisin de l'ébullition. On enlève alors le feu du foyer : il se forme, par le repos, une couche à la surface du bain, qui, en une demi-heure, aquiert de la consistance, et qu'on enlève soigneusement, avec l'écumoire, au bout de trois quarts d'heure. Dès qu'on a écumé, on ouvre un robinet qui est placé à un pied du fond de la chaudière ; la liqueur coule d'elle-même dans une chaudière carrée : on ouvre ensuite un second robinet qui est placé au niveau du fond de la chaudière pour la vider en entier.

Il faut avoir l'attention de ne faire couler le suc dans la chaudière, pour l'évaporer et le concentrer, que lorsqu'il est très-clair et bien transparent : lorsqu'il est louche, trouble, et qu'il tient encore de la chaux en suspension, il faut le laisser dans la chaudière jusqu'à ce qu'il soit bien clarifié, ce qui demande une demi-heure ou trois quarts d'heure. Si on se hâtait de l'évaporer avant qu'il ait bien déposé, la concentration serait pénible, la liqueur monterait, le travail serait long, la cuite en deviendrait difficile, et le produit en sucre beaucoup moindre.

Le suc de betterave descend, par la dépuration à la chaux, à deux degrés au-dessous de ce qu'il marquait en sortant de la betterave, et il perd encore 2 à 3 degrés lorsqu'il est entré en ébullition.

Jean-Antoine Chaptal

Art. IV. *Formation des Sirops.*

La chaudière dans laquelle se rend le suc épuré doit avoir 8 pieds de long sur 5 et demi de large, et 22 pouces de hauteur.

Dès que le fond de cette chaudière est couvert de liquide, on allume le feu, et on porte, le plus promptement possible, à l'ébullition.

Au moment où le bain entre en ébullition, on y répand un peu de charbon animal, et on en ajoute de temps en temps, jusqu'à ce que le suc soit porté à la consistance de 20 degrés. On pousse alors l'évaporation jusqu'à ce que la liqueur soit concentrée à 30 degrés.

La quantité de charbon qu'on emploie est dans la proportion de 3 pour 100 en poids du suc de betterave.[1]

Lorsque la concentration a été portée à 30 degrés, on filtre à travers de gros tissus d'étoffe de laine ou de la grosse toile, et on a des sirops qui n'exigent que d'être cuits pour donner, par la cristallisation, tout le sucre qu'ils contiennent.

Art. V. *Cuite des Sirops.*

La cuite des sirops est l'opération la plus délicate ; mais elle est devenue extrêmement facile par les perfectionnemens qu'on a portés dans les opérations préparatoires, sur-tout depuis qu'on a introduit l'usage du charbon animal. La plupart des fabricans ont échoué à la cuite des sirops, et, ce qui devait être attribué à une mauvaise manipulation, l'a été généralement, tantôt à ce qu'on a cru que les betteraves qu'on travaillait ne contenaient pas de sucre, et tantôt à la difficulté presque insurmontable qu'on supposait de l'extraire. Aujourd'hui, cette opération est devenue tellement facile, qu'il ne se forme plus d'écumes, qu'on ne brûle jamais la cuite, et qu'elle n'exige presque plus de soin de la part de l'ouvrier qui la

---

1 On a observé que le charbon provenant de la préparation du bleu de Prusse, produisait un meilleur effet que celui qui provient de la distillation des matières animales dans les fabriques de sel ammoniac ; ce qui paraît tenir à son extrême division, opérée par la calcination ; car on a constaté que le charbon animal produit d'autant plus d'effet qu'il est plus atténué et divisé par le broiement. M. *Figuier*, professeur de pharmacie à Montpellier, est le premier qui ait reconnu la supériorité du charbon animal sur celui de bois, pour décolorer les liquides ; et M. *Derosne* en a fait une application au sirop de betteraves, d'autant plus heureuse que ce charbon, outre la propriété qu'il a de le décolorer, détruit les mauvais effets de la chaux, et rend les cuites plus faciles.

conduit.

Pour procéder à la cuite des sirops, on les verse dans une chaudière ronde, de 2 pieds de large sur 18 pouces de hauteur ; on la remplit au tiers, et on pousse à l'ébullition, qu'on entretient jusqu'à la fin de l'opération.

Si, par hasard, la cuite brûle, ce qui s'annonce par des bouffées de fumée blanche qui partent du fond de la chaudière et viennent crever à la surface du bain, en répandant une odeur de fumée assez piquante, on ralentit le feu, on remue la liqueur, et on procède à la cuite avec plus de ménagement. Cet accident était commun il y a quelques années ; mais, en suivant le procédé ci-dessus, il est bien rare qu'il reparaisse.

Si le bain écume, monte et se gonfle, on apaise ce mouvement en y jetant un atome de beurre, ou en modérant le feu.

On connaît que la cuite se fait bien, 1°. lorsqu'elle bout *sec* et avec bruit ; 2°. lorsque le sirop se détache de l'écumoire sans filer et sans adhésion ; 3°. lorsqu'en battant le bouillon avec le dos de l'écumoire on entend un coup sec comme si on frappait sur de la soie ; 4°. lorsqu'il ne se produit presque pas d'écume ; 5°. lorsqu'en prenant de la mousse ou des bulles sur le bouillon avec l'écumoire, les bulles disparaissent de suite et se résolvent en liquide : c'est ce dernier caractère qui sert à distinguer les bulles du bouillon de celles des écumes. On reconnaît encore une bonne cuite, toutes les fois qu'après avoir vidé la chaudière on n'aperçoit dans le fond aucune trace de noir, et que la surface paraît décapée.

On juge que la cuite est terminée d'après les signes suivans : 1°. on plonge l'écumoire dans le sirop, on la retire, et on passe rapidement le pouce sur le bord pour prendre un peu de sirop ; on manie cette couche, entre l'index et le pouce, jusqu'à ce qu'elle ait la température de la peau, alors on sépare rapidement les deux doigts ; lorsque la cuite n'est pas à son terme, il ne se forme pas de filet entre les doigts. Lorsqu'il commence à se former un filet, la cuite est bien avancée, et alors on répète souvent la même opération. La cuite est terminée du moment que le filet casse *sec* ; dans ce cas, la portion supérieure du filet se retire vers l'*index*, en formant une spirale, et ne rentre jamais en entier dans la masse qui adhère au doigt.

Dès qu'on reconnaît, par la *preuve*, que la cuite est à son terme, on couvre le feu, et, quelques minutes après, on la verse dans le *rafraîchissoir*, en ayant l'attention de verser de haut pour y mêler de l'air ; car l'on a reconnu que ce mélange d'air facilitait la cristallisation.

La chaudière qu'on appelle *rafraîchissoir* est un vase dans lequel on réunit successivement toutes les cuites qui se font en un jour.

Le soir, lorsque toutes les cuites sont faites et réuinies dans le rafraîchissoir, on en remplit les formes ; qu'on appelle *bâtardes*. La cristallisation du sucre ne tarde pas à s'y opérer ; et, presque toujours, elle est complète le lendemain, de manière que vingt-quatre ou quarante-huit heures après la *mise en formes*, on peut, sans inconvénient, porter les formes sur les pots pour faire couler la mélasse.

On reconnaît une bonne cristallisation lorsque la surface est sèche, que la pâte est bien grenée et point sirupeuse, et lorsque la surface de la base du pain de sucre se crevasse et se déprime vers le milieu, ce qui est connu sous le nom technique de *fontaine*.

Je passe sous silence plusieurs petits détails de procédé dont la description ne ferait qu'arrêter ma marche, et qui, d'ailleurs, sont inutiles ou superflus, parce qu'ils ne sont ignorés d'aucune personne qui se soit tant soit peu occupée de ces objets.

Dans plusieurs établissemens, on a adopté des chaudières à bascule pour cuire les sirops : elles ont l'avantage de concentrer promptement et de pouvoir être vidées avec une grande célérité ; elles conviennent sur-tout pour la cuite des sucres secs et bien purgés de mélasse, mais je ne les crois pas avantageuses pour les sucres de betterave. Ceux ci contiennent quelques principes étrangers qui ne se trouvent pas dans les sucres de canne. Ces principes sont, de l'extractif en abondance, une matière analogue à la cire, de la gélatine, etc. ; et lorsqu'il s'agit de les débarrasser de tous ces corps, il faut des précautions particulières ; il faut pouvoir modérer la chaleur, ralentir l'ébullition, et mener la cuite à sa fin avec des soins extrêmes.

Les chaudières à bascule ne peuvent convenir que pour le raffinage ; et je ne saurais les recommander pour la cuite des sucres bruts ou cassonades.

Je terminerai cet article par observer que, pour ne rien perdre

CHAPITRE II

dans les ateliers de sucrerie, on soumet à l'effort d'une presse à levier les écumes, les résidus des filtres et le dépôt des chaudières, afin d'en exprimer tout le suc qui y est contenu, et qu'on le verse à mesure dans les chaudières, pour y suivre le cours des opérations.

Une observation très-importante, et qu'il ne faut pas négliger, c'est qu'on doit se presser de travailler le suc de la betterave à mesure qu'on l'extrait : si on le laisse reposer plusieurs heures, sur-tout quand il n'est pas concentré, il éprouve des altérations qui dénaturent le sucre, rendent son extraction plus difficile, et diminuent notablement la quantité.

ART. VI. *Du Raffinage.*

Je ne m'étendrai pas beaucoup sur le raffinage du sucre ; les procédés en sont connus et bien décrits : je ne me permettrai que quelques détails sur les perfectionnemens qui y ont été apportés de nos jours par les personnes qui se sont occupées de l'extraction du sucre de betterave.

M. *Derosne* a proposé, le premier, de raffiner à l'alcohol, et ce procédé, qui est très-expéditif, convient d'autant mieux à une sucrerie de betterave, qu'il dispense d'une foule d'ustensiles nécessaires dans l'ancien procédé.

Lorsqu'on veut raffiner à l'alcohol, il faut avoir l'attention de procéder au raffinage, du moment qu'on a fait couler la mélasse ; car si on donne le temps au sucre de se dessécher, la mélasse qui en humecte les cristaux épaissit ; elle forme une couche très-dure sur la surface des cristaux, et l'alcohol la détache avec beaucoup de peine.

En partant de cette observation, on procède au raffinage comme il suit : du moment que la mélasse est coulée, on ratisse la surface du pain de sucre contenu dans la forme, et on verse, peu-à-peu, sur toute l'étendue de la surface, un litre d'alcool à 36 degrés du commerce, après avoir bouché le petit orifice de la forme. On recouvre alors la base de la forme avec soin pour éviter l'évaporation de l'alcohol. Deux heures après, on ouvre l'orifice de la forme, et l'alcool coule dans le pot, chargé d'une grande partie du principe colorant ; on peut répéter l'opération avec moitié de nouvel alcool, et le sucre équivaut alors, pour la blancheur, au sucre terré ou à de la belle cassonade. Alors on fond le sucre et on le travaille à la chaudière avec le sang de bœuf. On termine l'opération, ou en le terrant, ou en l'alcoholisant ; mais on a observé que, par le dernier de ces moyens, le sucre conservait un coup d'œil plus mat que par le premier, et qu'il était un peu plus friable.

Les pains de sucre alcoolisés conservent de l'odeur pendant quelque temps ; mais cette odeur disparaît par le séjour des pains à l'étuve, et même par la simple exposition au grand air.

Il est nécessaire d'employer l'alcool concentré à 36 degrés ; lorsqu'il est plus faible, il dissout une portion de sucre.

La totalité de l'alcohol n'est pas perdue : il suffit de le distiller pour le dépouiller de la mélasse qu'il a entraînée ; et alors on peut le faire servir de nouveau.

Le raffinage par l'alcool est trop dispendieux lorsque cette liqueur a un haut prix dans le commerce pour qu'on puisse en faire la base de cette opération. Quelque attention qu'on apporte dans ce procédé, il y a constamment presque la moitié de l'alcohol de perdu. La méthode qu'on suit dans les raffineries est préférable ; mais il faut avoir le soin de laisser bien couler la mélasse pour que le sucre brut soit très-sec. On évite par-là de reporter plusieurs fois à la chaudière les sucres qu'on a extraits, et on obtient un plus grand produit ; car le sucre s'altère par des distillations et des cristallisations répétées.

CHAPITRE III

Compte rendu, par Dépenses et Produits, d'une Fabrication de Sucre de Betteraves.

Le procédé que je viens de décrire me paraît le plus sûr, le plus économique et le plus simple de tous ceux qui sont parvenus à ma connaissance ; mais, si le prix du sucre qui en est le produit était supérieur à celui du sucre du commerce provenant du Nouveau-Monde, ce serait tout au plus un nouveau fait pour la science, et un objet de pure curiosité pour la société. Nous allons donc présenter un état très-exact de la dépense et de la recette, pour mettre chacun à portée de juger de l'importance de cette nouvelle branche d'industrie.

Art. Ier. *De la Dépense.*

La dépense se compose : 1° du prix de la betterave ; 2°. de la main-d'œuvre pour l'extraction du sucre ; 3°. de l'intérêt de la mise de fonds pour former l'établissement ; 4°. de l'entretien des machines et usines ; 5°. de l'achat du combustible, charbon animal et autres petits objets employés dans la fabrique.

La betterave se vend généralement 10 fr. le millier. À ce prix, l'agriculteur y a trouvé jusqu'ici un bénéfice raisonnable, sur-tout lorsqu'elle est cultivée dans de bons terrains.

En supposant une terre de qualité moyenné, mais propre cependant à produire du blé, on peut calculer ce que coûte la betterave, d'après les bases suivantes. Nous nous bornerons à faire le calcul sur la culture d'un arpent.

1° Loyer d'un arpent	20	fr.
2° Deux labours profonds	24	
3° Deux sarclages à la charrue	20	
4° Achat de graine	3	
5° Semence et hersage	22	
6° Arrachement et transport	40	
7° Engrais	50	
8° Impositions	5	
Total	184	fr.

Jean-Antoine Chaptal

Ici nous ferons supporter tous les frais à la betterave, quoique nous ayons observé que les terres qui leur étaient consacrées fussent semées en blé après qu'on a arraché les betteraves, et que nous pussions faire partager au blé les frais des deux labours, du loyer, des impositions et du fumier. On sentira, d'après cela, qu'on pourrait réduire d'un tiers les dépenses que nous passons sur le compte des betteraves.

On évalue généralement le produit moyen d'un arpent de betteraves à 20 milliers ; ce qui établit le prix du millier pour l'agriculteur à 9 fr. 20 c. ; mais comme l'épluchement ôte plus d'un dixième à la betterave, les 20 milliers se trouvent réduits à 16 lorsqu'elle entre en fabrication : nous porterons le prix de la betterave épluchée à 10 fr. le millier pour le fabricant, en supposant toujours qu'il n'emploie que le produit de sa propre récolte.

Pour déterminer à présent les autres frais et avoir rigoureusement l'état de la dépense, nous supposerons qu'on travaille 10 milliers de betteraves épluchées par jour.

1°. 10 milliers de betteraves	100	f.
2°. Deux chevaux et un homme au manége	9	
3°. Cinq femmes aux râpes	3	
4°. Quatre hommes aux presses	6	
5°. Deux hommes aux chaudières	3	
6°. Charbon animal	12	
7°. Combustible	30	

Comme nous supposons que la fabrique ne travaille que quatre mois de l'année, il convient de répartir sur ces quatre mois des dépenses d'une autre nature, telle que l'intérêt de la mise de fonds, l'entretien des ustensiles, le salaire du maître raffineur, etc. Ainsi, en supposant que l'établissement coûte 30,000 fr., ce qui est le *maximum* pour une fabrication de 10 milliers par jour, l'intérêt de la mise de fond réparti sur 120 jours de travail, fait par jour 16	
Entretien des ustensiles et de l'usine 10	
Salaire du raffineur et de l'ouvrier qui lui est attaché 20	
Menues dépenses 5	
Total 214	fr.

La dépense de chaque jour pour l'exploitation de 10 milliers de betteraves est donc de 214 fr.

Art. II. *Du Produit d'une Exploitation de 10 milliers de sucre de Betteraves par jour.*

Le produit de la fabrication se compose de trois objets distincts :

1°. Le sucre.

2°. Le résidu ou marc de betteraves.

3°. La mélasse.

En général, la betterave fournit de 3 à 4 pour 100 de sucre brut ; il y a même des fabriques qui en ont retiré de 4 à 5. La quantité varie en raison des chaleurs plus ou moins constantes de l'été, et surtout en raison de l'intelligence qu'on a apportée dans les travaux de fabrication.

Nous supposerons qu'on n'en extrait que 3 pour 100. Dix milliers de betteraves exploitées par jour, donneront donc 300 livres de sucre brut qui, à raison d'une dépense de 214 fr. par jour, portent le prix du sucre brut à environ 14 sous ou 70 cent. la livre.

Jean-Antoine Chaptal

Indépendamment du produit du sucre, il en est d'autres qui méritent une grande considération, ce sont les épluchures et le marc des betteraves après qu'on a exprimé le suc.

Les épluchures forment, à-peu-près, le neuvième du poids de la betterave ; elles sont composées des collets, des radicules, de quelques portions de la peau et de la terre qui peut adhérer à la surface. Sur un millier d'épluchures, il y a au moins une bonne moitié qui fait une excellente nourriture pour les cochons, qui en sont très-avides.

Le marc des betteraves forme un objet bien plus important. En supposant qu'on extraie 70 pour 100 de suc de la betterave, l'exploitation de 10 milliers par jour fournit 1500 kilogrammes, ou environ 30 quintaux de marc, qui forment une nourriture très-précieuse pour les bêtes à cornes.

Cette nourriture, qui est presque sèche, n'a ni les inconvéniens des herbes ou racines aqueuses, ni ceux des fourrages secs pour l'usage des bêtes à cornes ; elle ne produit point la pourriture comme les premières, et ne donne pas lieu à des obstructions, ni n'échauffe pas comme les seconds ; elle contient presque tous les principes nutritifs de la betterave, dont on n'a enlevé, en la travaillant, qu'environ 65 pour 100 d'eau, 3 pour 100 de sucre, et un peu d'extractif et de gélatine.

Cette quantité de marc peut nourrir, par jour, 1000 à 2000 bêtes à laine.

Les bœufs, les vaches, la volaille, dévorent cette nourriture, qui les engraisse beaucoup mieux que tous les alimens connus ; les brebis et les vaches laitières soumises à ce régime donnent beaucoup plus de lait, et d'une excellente qualité.

Dans un domaine où l'on établirait une fabrique de l'importance de celle dont je parle, on peut engraisser par an 50 à 60 bœufs ou 8 à 900 moutons avec ces seuls résidus.

La mélasse est un troisième produit qui n'est pas à dédaigner. L'exploitation d'un millier de betteraves en fournit à-peu-près 240 livres par jour, qu'on peut vendre dans le commerce à raison de 5 à 6 francs le quintal ou les 50 kilogrammes, ou bien les faire fermenter et les distiller pour en extraire l'alcool.

Lorsqu'on prend le parti de distiller, on délaye la mélasse dans l'eau, de manière que la liqueur marque 7 à 8 degrés ; on y mêle ensuite avec soin de la levure de bière ou du levain de pâte d'orge délayée dans l'eau tiède, dans la proportion de 10 livres pour la première, par 10 quintaux de liquide, et de 30 livres pour la seconde.

Les cuviers qui contiennent cette liqueur à fermenter, doivent être placés dans une étuve où la chaleur soit constamment à 16 ou 20 degrés du thermomètre centigrade. La fermentation ne tarde pas à s'annoncer, et elle est terminée en quelques jours.

La distillation doit s'opérer dans les alambics perfectionnés d'*Adam* et de*Berard* ; alors l'alcohol n'a aucun mauvais goût, et on peut l'obtenir au degré qu'on désire par une seule distillation. Cet alcohol a cela de particulier, c'est qu'au même degré de concentration il est infiniment plus piquant que tous les autres qui nous sont connus.

Cent litres de mélasse donnent à-peu-près 15 litres d'alcool à 22 degrés.

Avant de livrer les résidus aux bestiaux, on peut les faire fermenter en les délayant dans une quantité d'eau suffisante, et les distiller ensuite. Par ce moyen, on peut encore en extraire environ 4 pour 100 d'alcool ; mais cette opération entraîne un embarras de manipulation qui me l'a fait abandonner ; elle a donné lieu, néanmoins, à une observation que je ne puis passer sous silence, pour éclairer ceux qui pourraient se trouver dans le même cas que moi. J'avais conçu l'idée de passer de l'eau sur les résidus pour m'en servir ensuite à délayer la mélasse ; cette eau de lessive marquait de 2 à 4 degrés ; je procédais ensuite à la fermentation par la méthode ordinaire. La fermentation s'établissait facilement : lorsqu'elle était terminée, je soumettais la liqueur à la distillation ; mais quelle fut ma surprise lorsque je vis que j'obtenais moins d'alcool, et que, vers la fin de l'opération, la liqueur se boursouflait et passait de la chaudière dans le serpentin ! Je ne tardai pas à me convaincre que la mélasse n'avait point participé à la fermentation ; qu'elle était demeurée intacte, et qu'il n'y avait que la lessive des résidus qui eût fermenté. Cette expérience répétée plusieurs fois m'a constamment donné les mêmes résultats. Il paraît que la mélasse se mêle, sans s'allier, avec cette eau de lessive, et que cette dernière, subissant d'abord sa fermentation, arrête le mouvement de la première.

Les cendres des mares fournissent à-peu-près 1 pour 100 de potasse.

CHAPITRE IV

Considérations générales.

On vient de voir, par ce qui précède, que la France peut fabriquer chez elle, à bas prix, tout le sucre dont elle a besoin pour sa consommation. Mais il se présente ici trois ou quatre questions qu'il importe de soumettre à l'examen, pour ne rien laisser à désirer sur une matière de cette importance.

1°. Le sucre de la betterave est-il de la même nature que celui de la canne ?

2°. Quels avantages l'agriculture retirerait-elle des sucreries de betterave ?

3°. Est-il de l'intérêt de la France de fabriquer du sucre de betterave ?

4°. Pourquoi la plupart des établissemens qui s'étaient formés ont-ils été abandonnés ?

ART. Ier. *Le sucre de betterave est-il de la même nature que celui de canne ?*

Nous connaissons aujourd'hui trois espèces de sucre bien distinctes, toutes susceptibles de donner de l'alcohol par la fermentation, mais différant entre elles par des propriétés particulières. L'état sous lequel se présentent ces trois espèces de sucre établit et constitue une de leurs principales différences : l'une est constamment à l'état liquide, l'autre à l'état d'une poudre qui n'est pas susceptible de cristallisation, et l'autre à l'état de cristaux très-réguliers.

La première espèce, ou le sucre liquide, existe dans la plupart des végétaux et des fruits ; elle constitue les sirops lorsque le sucre est convenablement rapproché par l'évaporation.

La seconde espèce se présente sous une forme solide et sèche, mais sans être susceptible de cristallisation : le sucre de raisin est de ce genre, de même que le sucre du miel et celui qui provient de l'altération de l'amidon par l'acide sulfurique.

La troisième espèce est susceptible de cristalliser ; et les cristaux présentent la forme d'un prisme tétramère terminé par un sommet dièdre. Cette dernière espèce se trouve dans la canne à sucre, la betterave, l'érable à sucre, la châtaigne, la châtaigne d'eau, etc. ; cette dernière espèce est la plus estimée et la plus recherchée, 1°. parce qu'elle a un goût plus franc ; 2°. parce que, sous le même poids, elle sucre davantage ; 3°. parce qu'elle est plus facile à employer et plus agréable à la vue.

Il n'existe pas aujourd'hui le moindre doute, dans l'esprit des hommes éclairés, sur la parfaite identité des sucres qui constituent la troisième espèce ; et lorsqu'on les a ramenés, par le raffinage, au même degré de blancheur et de pureté, la personne la plus prévenue ne peut y trouver aucune différence.

Sans doute, lorsque, dès le commencement de la fabrication, on a versé dans le commerce des sucres de betterave brûlés, mal préparés, mal raffinés, le consommateur a dû les proscrire, et trouver entre ces sucres et ceux de Hambourg et d'Orléans une très-grande différence ; mais alors même, l'homme instruit les a confondus dans la même espèce, et il a rapporté cette différence à l'imperfection du procédé naissant, plutôt qu'à la nature des principes. Déjà notre célèbre collègue, M. *Hauy*, avait prouvé que la forme des cristaux était la même, déjà plusieurs fabriques présentaient des résultats analogues à ceux des colonies, et il était naturel de penser que la même perfection s'établirait peu-à-peu dans tous les ateliers. On savait que, de tout temps, on a fabriqué des draps avec les mêmes matières, et que néanmoins les draps du dixième siècle n'étaient pas comparables à ceux du dix-huitième ; on savait que chaque art a son enfance, mais qu'aujourd'hui cette enfance est de peu de durée par rapport aux progrès des lumières. Ce qu'on avait prédit est arrivé, et, en moins de deux ans, la fabrication s'est améliorée ; elle s'est simplifiée au point qu'elle est aujourd'hui confiée à des ouvriers, et qu'il y a peu d'opérations dans les arts qui présentent des résultats plus sûrs et plus constans : aussi, les produits des fabriques de betterave circulent-ils dans le commerce sans opposition, et le consommateur y met le même prix qu'à ceux de canne de qualité égale.

Jean-Antoine Chaptal

On a dit que ce sucre était plus léger que celui de canne, et que, par conséquent, sous le même volume, il sucrait moins. Quelque faible que soit cette accusation, il m'est impossible d'y souscrire. J'emploie les mêmes formes qu'à Orléans, et chacune fournit un pain rigoureusement du même poids que dans les raffineries d'Orléans. Depuis long-temps je n'emploie pas à ma table d'autre sucre que celui de ma fabrique, et il est peu de jours où des convives, qui ne s'en doutent pas, ne me fassent compliment sur la beauté et la bonté de mon sucre.

J'ai déjà observé que le sucre raffiné à l'alcool exhale pendant quelque temps une odeur désagréable ; ainsi si on le met dans le commerce immédiatement après qu'il est raffiné, le consommateur sera en droit de se plaindre et de le repousser. Ici c'est la faute, non du sucre, mais du propriétaire, qui doit laisser disparaître cette odeur d'alcool avant de le mettre en vente.

Ainsi le sucre de betterave et celui de canne sont rigoureusement de même nature, et on ne peut établir entre eux aucune différence.

ART. II. *Avantages que l'agriculture peut retirer des Sucreries de betterave.*

L'agriculture ne peut que retirer un très-grand avantage de ces établissemens. Tout ce qui varie les récoltes et en augmente le nombre est un bienfait pour l'agriculture ; ainsi, sous ce rapport, la culture de la betterave lui est avantageuse : cette culture fournit en outre un moyen d'assolement de plus, et forme une récolte intermédiaire qui double le produit du fonds et ne fait pas perdre un grain de blé.

La culture de la betterave a encore l'avantage de rendre la terre plus meuble, et de la nettoyer des mauvaises herbes par les sarclages.

La fabrication du sucre de betterave n'est pas moins utile à l'agriculture que la culture de cette plante.

1°. Les résidus ou le marc de betterave peuvent fournir à la nourriture des bêtes à cornes et des cochons d'un grand domaine pendant cinq mois d'hiver, novembre, décembre, janvier, février et mars.

En supposant qu'il y eût en France deux cents fabriques travaillant dix milliers de betterave par jour, les résidus suffiraient à l'engrais de seize à vingt-mille bœufs, ou de huit cent mille moutons.

2°. Ces fabriques ont l'avantage d'occuper les chevaux et les hommes d'un domaine pendant la morte-saison, et de donner du travail à des étrangers qui, durant ces cinq mois, seraient condamnés à l'oisiveté. Indépendamment des hommes employés à la culture de la betterave, l'épluchement de cette racine et l'extraction du sucre pourraient occuper les bras de cinq à six mille personnes pendant l'hiver, en supposant qu'il y eût deux cents fabriques en activité.

Art. III. *Est-il de l'intérêt de la France de multiplier les fabriques de sucre de betterave ?*

La France ne peut pas avoir d'autre intérêt que celui de ses habitans ; ainsi tout ce qui augmente la masse du travail, tout ce qui multiplie les productions de la terre et de l'industrie, tout ce qui enrichit l'agriculteur, ne peut que mériter une grande protection de la part de son Gouvernement.

Ici se présente, sans doute, la grande considération des colonies, et je n'ai point la prétention de résoudre une question d'une aussi haute importance ; je me bornerai à présenter, à ce sujet, quelques vues que je soumets avec respect à la sagesse du Gouvernement et aux hommes plus éclairés que moi.

Je ne dirai point, avec quelques écrivains, que le système colonial n'intéresse pas la nation, sous le prétexte que les colonies ne versent rien au trésor public, qu'elles sont une occasion de guerre toujours existant, qu'elles nécessitent l'entretien d'une marine très-dispendieuse, etc. Je sais que les colonies ouvrent un débouché aux produits de notre industrie et de notre sol ; je sais qu'elles alimentent nos fabriques en matières premières, et qu'elles donnent une grande activité au commerce : sous tous ces rapports, les colonies ont été jusqu'ici une des sources principales de la prospérité publique ; mais, si tous ces avantages peuvent être reportés dans le sein même de la France ; si la fabrication indigène du sucre et de l'indigo peut remplacer le sucre et l'indigo du Nouveau-Monde, au même prix et dans les mêmes qualités ; si cette nouvelle industrie augmente la masse du travail parmi nous, et enrichit notre agriculture sans la priver d'aucun de ses produits ; il est évident qu'il reste, contre les

Jean-Antoine Chaptal

colonies, sans compensation d'aucun intérêt majeur, les dépensés annuelles qu'elles occasionnent, et les nombreuses chances de guerre qui tout-à-coup compromettent nos fortunes et nous forcent à des privations, lorsqu'une marine formidable ne peut pas dominer ou au moins rivaliser sur les mers.

On pourrait fortifier ces raisons, de l'état actuel des colonies ; mais à Dieu ne plaise que je prétende détourner l'attention du Gouvernement d'un aussi grand intérêt pour la métropole, et de sa sollicitude paternelle pour les malheureux colons qui ont été dépouillés de leurs propriétés ! Je me borne à désirer, pour le moment, qu'il encourage les établissemens de sucre indigène, pour que leurs produits concourent avec ceux des colonies, et que nous puissions reprendre, avec les étrangers, des relations commerciales qui se bornaient à l'échange de nos denrées coloniales, sur-tout du sucre, contre les productions de leur sol. Cela devient d'autant plus important, que nos principaux rapports de négoce avec Hambourg et les peuples du nord consistaient en denrées coloniales, qu'ils nous payaient en bois de construction, métaux, potasse, chanvre, lin et suif, et que ces grands moyens d'échange venant à nous manquer, l'Angleterre a dû hériter de cet immense commerce.

ART. IV. *Des causes qui ont déterminé la chute de la plupart des établissemens qui s'étaient formés.*

Les hommes qui ne jugent les arts que superficiellement, se persuadent que les fabriques de sucre de betterave ne peuvent pas soutenir la concurrence des fabriques de sucre de canne, et ils appuient aujourd'hui leur opinion sur la chute de la plupart des établissemens qui s'étaient formés avant la paix. On pourrait se borner à leur répondre qu'il suffit que quelques-uns se soutiennent malgré la concurrence des sucres étrangers, pour prouver que nos fabriques peuvent rivaliser ; mais je préfère indiquer ici les causes de cette chute, et établir quelques principes qui puissent diriger les entrepreneurs dans les nouveaux établissemens qui pourraient se former.

Lorsqu'on a commencé à extraire du sucre de la betterave, le Gouvernement a excité le zèle de tous les Français par des encouragemens ; partout on a semé des betteraves, par-tout on a formé des établissemens sans consulter préalablement, ni la nature du sol, ni le prix de la culture, ni la qualité saccharine de la racine. On a bâti, à grands frais, de vastes ateliers ; on a acheté des râpes et des presses dont on ignorait l'effet ; et souvent on est arrivé au moment de la fabrication sans se douter du procédé qui serait mis en usage, quelquefois même sans avoir fait choix d'un homme capable de conduire les opérations.

La marche raisonnée d'une nouvelle industrie n'est point celle qu'on a suivie, on a fait des pertes, et on devait s'y attendre. Ici la betterave ne contenait plus de sucre au moment où on l'a travaillée : c'est ce qui a entraîné la chute de tous les établissement du midi ; là, on a employé de mauvais procédés, et on n'a extrait que des sirops ; ailleurs, la culture ou l'achat de la betterave, ont été si coûteux, que le produit n'a pas balancé la dépense.

Cette manière irréfléchie de procéder a dû entraîner la chute de la plupart des établissemens ; et, comme on raisonne d'après les résultats de son expérience, qu'elle soit bonne ou mauvaise, il s'est bientôt formé une opinion presque générale contre les succès de nos fabriques. D'un autre côté, la mauvaise qualité du sucre que quelques fabricans ont versé dans le commerce n'a pas peu contribué à dégoûter le consommateur.

Il eût mieux valu, sans doute, rechercher les causes de ce peu de succès, et tourner les yeux vers les établissemens qui prospéraient, pour y étudier la bonne méthode ; mais telle n'est pas la marche de l'opinion publique ; en fait d'industrie, elle adopte souvent une nouveauté sans examen, comme elle la proscrit sans raison plus souvent encore.

Néanmoins les essais, répétés sur tous les points de la France, ont présenté des résultats dont l'observateur a pu faire son profit ; et ces essais nous ont enfin amenés à des connaissances positives sur la culture de la betterave, sur son produit, et sur un procédé sûr ; facile et économique, pour en extraire tout le sucre.

L'expérience nous a encore appris que les établissemens de sucre de betterave ne pourraient prospérer qu'entre les mains des propriétaires qui récolteraient eux-mêmes les betteraves, et consommeraient les résidus dans leurs domaines. Il suffit enfin de jeter un coup-d'œil sur les avantages que présente cette fabrication

Jean-Antoine Chaptal

liée à une grande exploitation rurale, pour sentir combien doit être grande la différence des résultats dans les deux cas.

1°. Le propriétaire qui cultive la betterave l'obtient à plus bas prix que l'entrepreneur qui l'achète au cultivateur ; cette différence est immense, sur-tout si on considère que cette récolte étant intermédiaire, les frais de labour et de fumier peuvent être supportés par la récolte du blé qui succède.

2°. Les résidus de betterave peuvent nourrir presque toutes les bêtes à cornes d'un grand domaine pendant les cinq mois les plus rigoureux de l'année : la vente de ces résidus ne produit pas à l'entrepreneur la moitié du bénéfice qu'en retire l'agriculteur en les consommant dans sa ferme.

3°. Les transports, le travail du manége et la plupart des opérations dans l'atelier, s'exécutent par les chevaux et les hommes de la ferme ; tandis que l'entrepreneur est obligé de tout créer, d'appeler du dehors, et cela pour un temps limité, ce qui lui donne encore plus de désavantages.

4°. La main-d'œuvre est plus chère dans les villes où s'établit l'entrepreneur, que dans les campagnes où réside le propriétaire.

5°. Le combustible coûte constamment un peu plus dans les villes que dans les campagnes, sur-tout le bois ; et quelques-unes des opérations peuvent être conduites avec ce combustible.

Ainsi ce nouveau genre d'industrie doit être établi dans les grands domaines ; c'est là, et là seulement, qu'il peut obtenir une grande prospérité. Indépendamment des avantages que présentent ces localités, nous pourrions ajouter qu'il est rare que les bâtimens dépendans d'une grande exploitation rurale ne présentent pas assez de développemens pour y fixer, sans frais de construction, cette nouvelle industrie. Je pourrais citer à l'appui deux établissemens de ce genre qui n'ont pas exigé une dépense de 500 francs en construction, pour être annexés aux domaines ; et ces deux établissemens prospèrent dans le moment actuel.

Le grand propriétaire, accoutumé jusqu'ici à des récoltes faciles, se livrera peut-être encore difficilement à cette nouvelle exploitation, parce qu'elle suppose des connaissances qu'il n'a pas. Mais qu'il considère que nous avons fait tous les frais des tâtonnemens ; que les procédés que nous venons de décrire sont faciles et sûrs ;

CHAPITRE IV

que les calculs que nous avons établis sont exacts et déduits de l'expérience ; qu'il considère que les distilleries de grains et de pommes de terre, formées dans presque tous les domaines du nord, exigent des connaissances presque aussi étendues, sans présenter néanmoins autant d'avantage, puisque, outre la nourriture des bestiaux et le produit de l'alcool, plus abondans par les betteraves que par le grain, nous avons, de plus que dans ces distilleries, la production du sucre ; et l'on verra qu'on peut à-la-fois améliorer son domaine et concourir à enrichir son pays d'un produit qui est devenu pour lui de première nécessité.

Il existe en ce moment, en France, vingt à trente fabriques de sucre de betterave : la plupart de ces établissemens prospèrent ; les procédés s'améliorent par-tout, et je ne doute pas que, dans quelques années, cette invention ne soit portée à sa perfection. L'exemple, plus puissant que les leçons, propagera peu-à-peu cette fabrication.

On ne peut pas se flatter que toutes les entreprises réussissent ; mais il suffit que quelques-unes prospèrent, et qu'il se forme des sujets capables de bien conduire les opérations ; la confiance s'établira bientôt, et l'agriculture s'enrichira de plus de quatre-vingts millions de francs en nouveaux produits, sans nuire en aucune manière à ceux qu'elle nous a fournis jusqu'ici.

ISBN : 978-1519298102

Jean-Antoine Chaptal

www.ingramcontent.com/pod-product-compliance
Lightning Source LLC
Chambersburg PA
CBHW071551170526
45166CB00004B/1637